쓸데없이 유익한
꿀잼 꿀벌과
개미개미 이야기

무선헤드셋
정보툰 01

쓸데없이 유익한
꿀잼 꿀벌과
개미개미 이야기

무선헤드셋 글·그림
황보연(동물행동학 박사) 감수

뿌리와
이파리

차례

1화 토종 꿀벌은 말벌이 무서워 ··· 6
2화 곤충계의 양아치 장수말벌 ··· 12
3화 사무라이개미는 싸움의 달인 ··· 17
4화 서부전선 이상 없다! 개미 전쟁 ··· 24
5화 거미도 거미줄에 걸리곤 해 ··· 29

6화 낫을 든 암살자 사마귀 ··· 36
7화 수컷 개미는(뚠뚠) 열심히 노네(뚠뚠) ··· 43
8화 스위트한 꿀벌과 신나는 양봉업 ··· 49
9화 굳세다! 귀뚜라미 챔피언 ··· 56

10화 여왕개미 홀로서기 ··· 62

11화 개미개미~ 페로몬 발사! ··· 69
12화 모기를 잘 잡는 잠자리 ··· 76
13화 흰개미는 개미가 아니야 ··· 82
14화 바쁘다 바빠! 일개미와 일벌 ··· 89
15화 꿀벌꿀벌은 위기야···! ··· 96

16화 **여왕흰개미의 왕국 건설** … 103
17화 **개미 왕국은 기생충의 천국이야** … 109
18화 **과학의 악마 삼 형제** … 116
19화 **개미계의 악몽 개미핥기** … 123
20화 **풀이 좋아 초식동물** … 130

21화 **고기가 좋아 육식동물** … 137
22화 **동물의 왕인지 애매한 사자** … 144
23화 **하늘은 못 날지만 꿈의 날개가 있어 1** … 151
24화 **하늘은 못 날지만 꿈의 날개가 있어 2** … 158
25화 **훨훨 날아라 철새들아~** … 165

26화 **귀여워 보이지만 실은 무서운 곰** … 175
27화 **교란하지마! 생태계 교란종** … 182
28화 **등껍질이 딴딴한 거북이** … 189
29화 **물속의 낚시꾼 수달** … 196
30화 **돌고래는 드넓은 바다가 필요해** … 203

토종 꿀벌은 말벌이 무서워

살면서 벌을 본 기억이 많을 것이다.
사람들은 대부분 벌을 무서워하고 피하지만

나 무서운 꿀벌 아냐.

평화를 사랑해.

사람이 먼저 공격적인 행동을 하지 않으면 벌도 우릴 공격하지 않는다.

벌은 사실 사람이 두렵다.

넘넘 무서워.

덜덜

덩치가 수백 배는 더 큰 사람이 위협한다면 엄청 무섭겠지.

그런데 꿀벌은 말벌도 무섭다.

으앙ㅠ

아시아에선 특히 장수말벌….

잘 훈련된 특수부대원마냥, 장수말벌 하나는 꿀벌 왕국 하나를 단신으로 전멸시킨다.

거기서~

으엥ㅠ

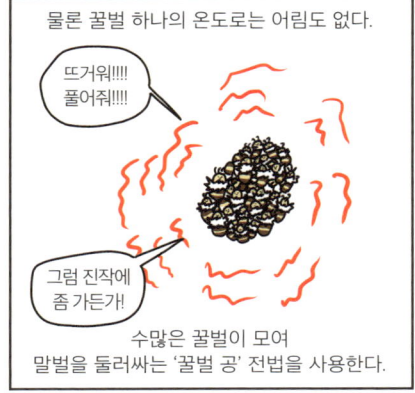

*워릭 커(Warwick Kerr, 1922~2018): 브라질 곤충학자

사무라이개미는 싸움의 달인

이 무섭게 생긴 친구의 이름은 사무라이개미.

이제 막 결혼비행을 마치고 여왕이 된 이 개미는 자신의 왕국을 가지고 싶어한다.

왜 이름이 '사무라이'개미인가? 그건 턱이 칼처럼 날카로워서다.

그래서 다른 건 몰라도 싸움은 정말 잘한다.

여기 있는 맹한 친구들은 곰개미들이다.

한국에서 흔히 발견된다. 정말정말 많다.

여기저기 돌아다니던 여왕 사무라이개미가 곰개미 왕국에 입성했다.

그리고 멍청하게 앉아 있던 곰개미에게 접근한다.

서부전선 이상 없다! 개미 전쟁

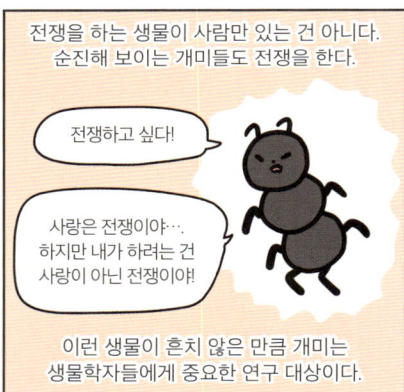

전쟁을 하는 생물이 사람만 있는 건 아니다.
순진해 보이는 개미들도 전쟁을 한다.

전쟁하고 싶다!

사랑은 전쟁이야….
하지만 내가 하려는 건
사랑이 아닌 전쟁이야!

이런 생물이 흔치 않은 만큼 개미는
생물학자들에게 중요한 연구 대상이다.

종이 같아도, 종이 달라도 전쟁을 한다.

흰개미에게도 시비를 건다. 기회만 되면
무작정 싸우고 보는 전쟁광이다.

왜 전쟁을 할까?

그거야 당연히
정치·종교·문화
때문이 아닐까?

물론 아니다…. 대부분은
영역다툼이나 알 뺏어오기가 이유다.

가끔 땅을 쳐다보면 다양한 개미가 보인다.

조금 큰 개미, 쬐끄만 개미, 엄청 큰 개미
등등이 섞여서 움직이는데

거미도 거미줄에 걸리곤 해

이번에 얘기할 동물은 거미.

거미줄을 쳐서 벌레를 잡아먹는 동물로 널리 알려져 있다.

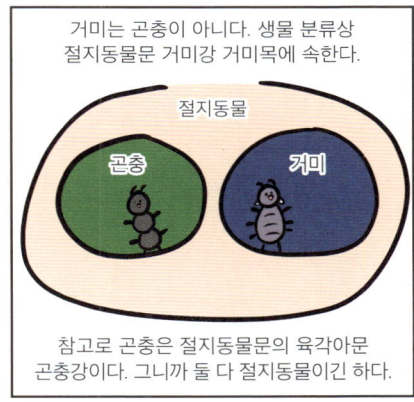

거미는 곤충이 아니다. 생물 분류상 절지동물문 거미강 거미목에 속한다.

참고로 곤충은 절지동물문의 육각아문 곤충강이다. 그니까 둘 다 절지동물이긴 하다.

절지동물은 외골격, 그러니까 껍데기나 껍질 따위가 있고 탈피를 한다.

대충 징그럽게 생겼으면 절지동물이라고 보면 되겠다.

사실 모든 거미가 거미줄을 치진 않는다.

어우, 쟤는 지치지도 않나.

어우, 쟤는 심심하지도 않나.

그냥 땅을 걸어다니면서 벌레를 잡아먹는 배회성 거미도 있다.

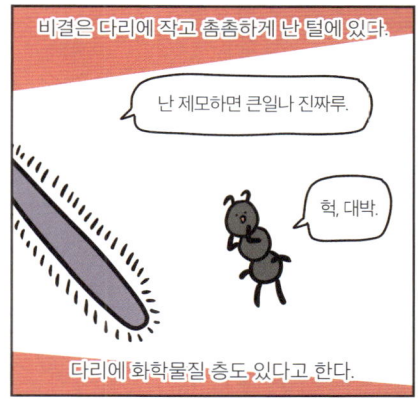

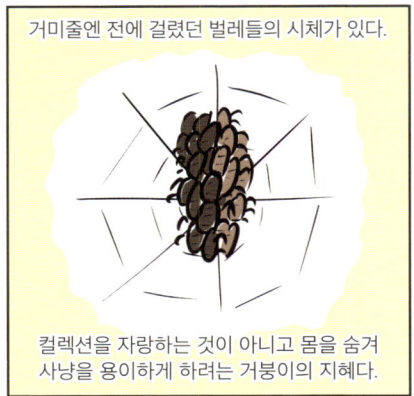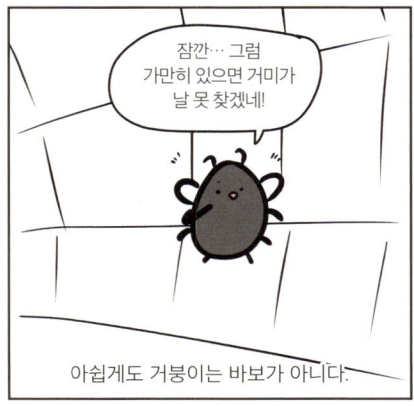

낫을 든 암살자 사마귀

무모한 행동 혹은 용기를 뜻하는 사자성어로 당랑거철(螳螂拒轍)이란 말이 있다.

아, 아저씨! 막지 마요!!

어림도 없지!

사마귀가 수레바퀴를 막는다는 의미다.

수레도 자동차도 막는 이유는 무모해서가 아니라 속도가 너무 느리기 때문이다.

으에에에엥ㅠㅠ 무섭지!!!

이길 수 없는 상대를 만나면 가슴을 펴고 팔을 높게 들어 무서운 척 허세를 부린다.

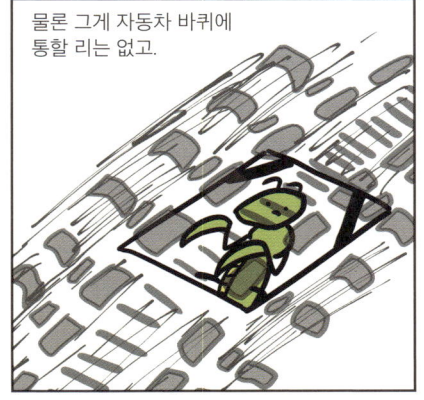

물론 그게 자동차 바퀴에 통할 리는 없고.

이번에 알아볼 곤충은 사마귀다. 앞다리가 낫처럼 생겨서 멋있는 친구다.

당랑권!!! 사마귀 펀치!!

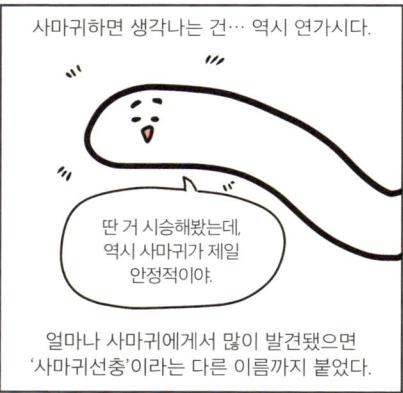
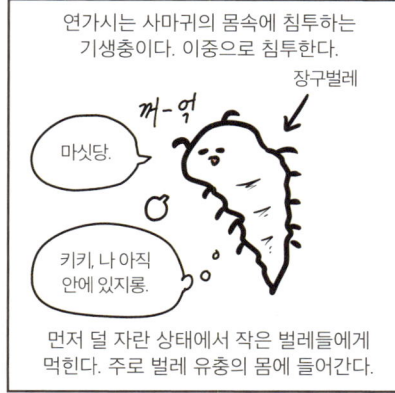

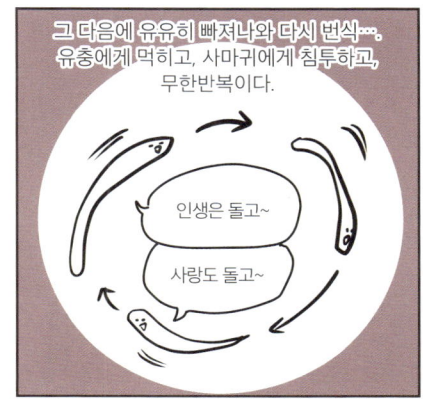

수컷 개미는(뚠뚠) 열심히 노네(뚠뚠)

여기에 놀고먹는 수개미가 하나 있다.

노는 것도 지겹당.

수컷들은 개미 왕국에서 일을 하지 않다.

아~ 하세영.

아~.

그들은 평생 일개미가 떠먹여주는 먹이만 먹으면서 산다.

여기까지 들으면 수컷 사자와 비슷해 보인다.

빈둥빈둥

뭐? 나 노는 거 아니거든.

수사자도 맨날 암컷이 구해다주는 먹이를 받아먹기만 하니깐.

사실 수컷 사자는 마냥 놀지 않는다.

저리 가!

힝ㅠ

자신의 무리를 외적으로부터 지키는 중요한 역할을 맡는다.

스위트한 꿀벌과 신나는 양봉업

여기는 어느 농촌이다. 꿀벌들은 오늘도 열심히 꿀을 모으고 있다.

어우, 힘들긴 해도 이 꿀 먹을 상상하니까 너무 즐겁자너.

그치만 아쉽게도 이 꿀을 전부 벌들이 먹을 수는 없다.

이 벌들은 양봉업자 두식 씨가 키우는 양봉용 벌이다.

안녕하세요, 스위트 가이 양두식입니다.

그는 15년이나 벌을 길러온 양봉의 프로다.

두식 씨가 놔둔 벌통 안을 살펴보자.

힝힝ㅠ

벌집인 만큼 여기에도 여왕벌이 있다…. 그런데 왜 우는 걸까?

양봉에 쓰이는 여왕벌은 날개가 잘린다. 탈출을 막기 위해서다.

힝힝ㅠ, 여왕벌은 날고 싶다…!

어차피 평생 놀고먹으면서 알만 낳을 거지만, 그래도 날개는 있어야 된다고요ㅠㅠ.

혹시 기어서 탈출할까 봐, 입구에 일벌만 통과할 수 있는 가림판도 둔다.

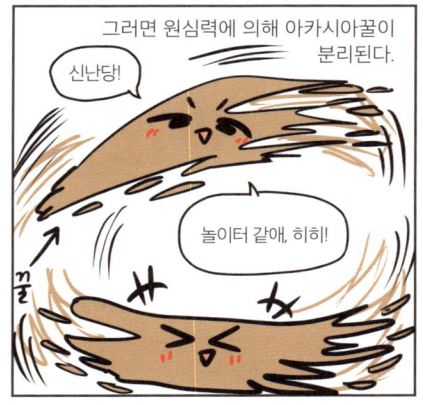

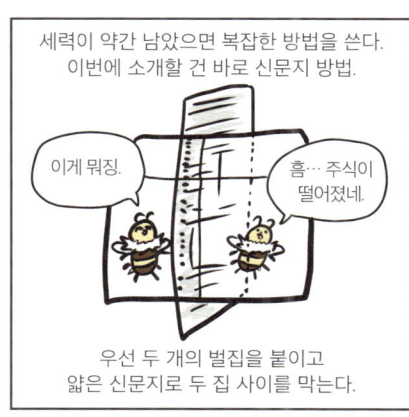

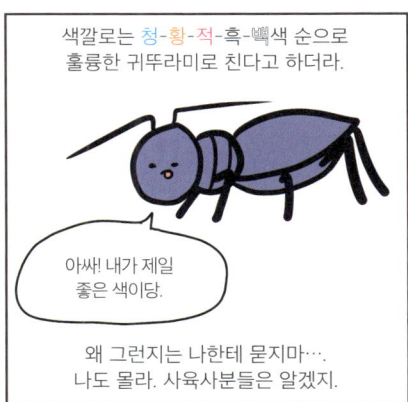

여왕개미 홀로서기

개미굴은 요즘들어 더 요란스럽다.

으아, 손이 4개여도 모자라.

결혼비행을 앞두고 있기 때문이다.

결혼비행은 여러 개미굴에서 같이 한다.
하나에서만 교미하면 근친교배가 될 거다.

한 집에서 공주개미가 페로몬을 발산하면
온갖 집의 수개미들이 냄새를 맡고 나온다.

공주개미는 수개미 한 마리와만
교미하지 않는다.

순번을 정해 여러 마리와 교미한다더라….

그들의 결혼식이 평화롭게 흘러가진 않는다.

포식자들에게 이 시기는 입만 벌려도
알아서 먹이가 들어오는 꿀식사 시즌이다.

67

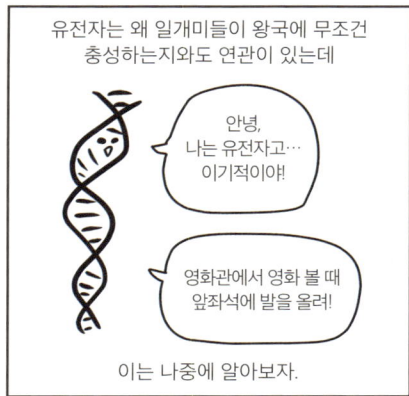

개미개미~ 페로몬 발사!

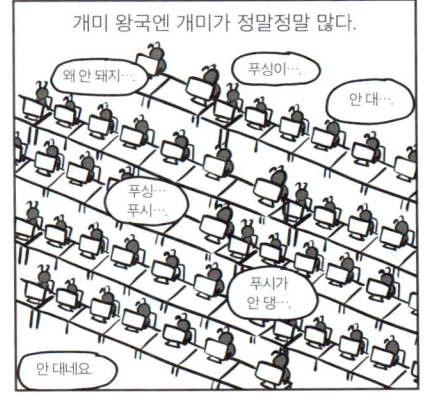

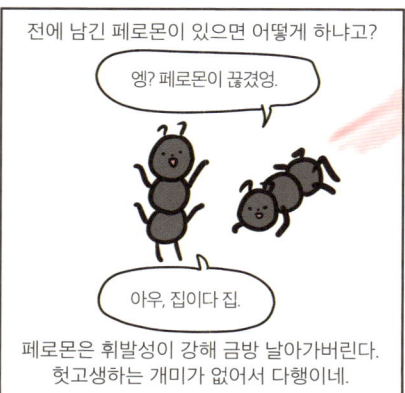

모기를 잘 잡는 잠자리

여름철 우리를 괴롭히는 모기.

양심 없고 냉혹한 모기를 혼내줄 수 없을까?

혼자서도 하루에 200~1000마리의 모기를 잡아먹어버리는 무시무시한 곤충.

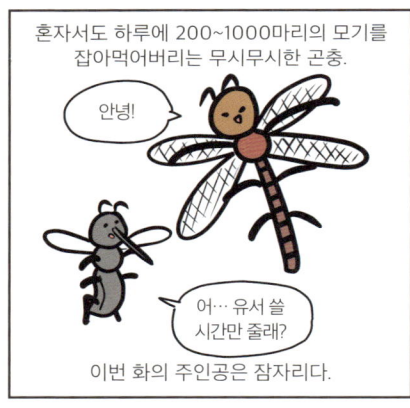

이번 화의 주인공은 잠자리다.

다른 비행하는 곤충들이 하나씩 하자를 가진 반면 잠자리는 아주 잘 난다.

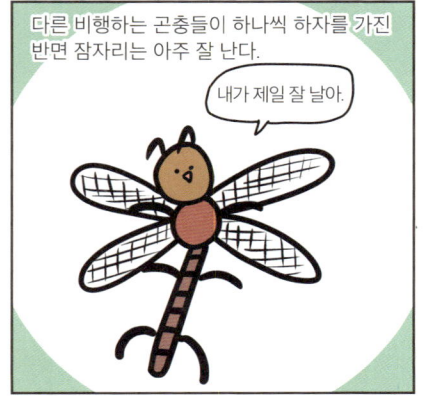

이를테면 날개가 짧기로 유명한 꿀벌은 1초에 230번 정도 날갯짓을 해야 하는데

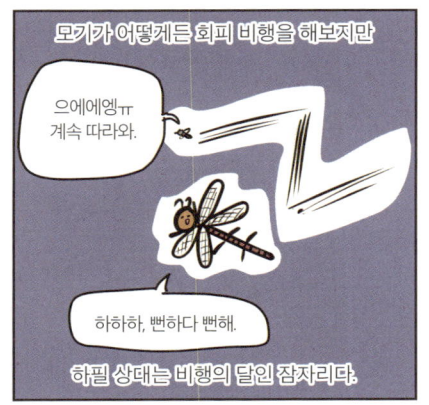

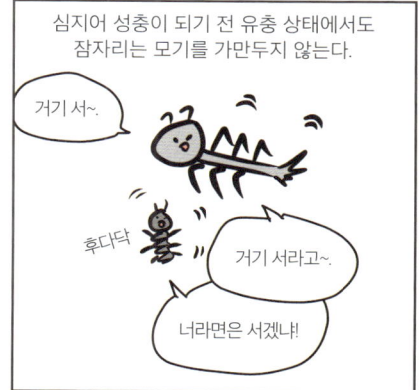

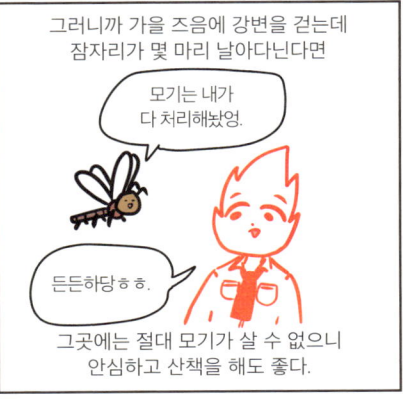

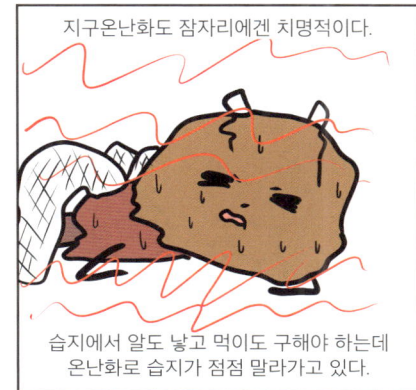
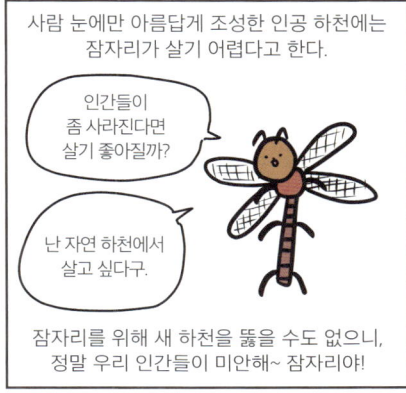

흰개미는 개미가 아니야

개미들이 지나가고 있다. 그런데 하얗다.

이 친구들은 흰개미다.

'개미'지만 개미가 아니다. 뭔 소리냐고?

넌 개미의 자격이 업따!

동생아…, 못 들은 척해.

개미는 곤충강 벌목에 속하지만 흰개미는 곤충강 바퀴목이다. 바퀴벌레에 더 가깝다.

흰개미도 개미처럼 사회를 이루는데

이런 고오오얀놈!

버럭

군체를 형성하는 동물 중에선 가장 오래됐다고 한다. 개미나 벌보다 이르다.

개미와는 여러 가지 큰 차이점이 있다.

아, 여기 있었네! 나무 통조림!

나무 통조림

여긴 천국이야!

개미는 아무거나 먹지만, 흰개미는 육식을 안 한다. 나뭇잎이나 나뭇가지를 먹고 산다.

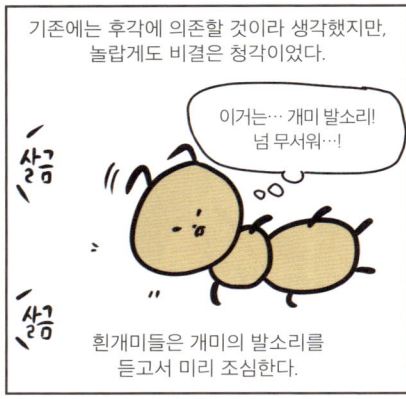

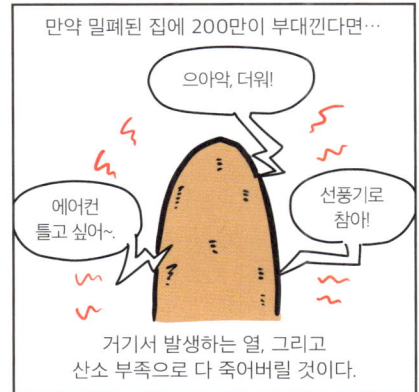

바쁘다 바빠! 일개미와 일벌

일벌 하나가 태어났다.

거대한 야망을 품은 꿀벌, 여기 등장!

다른 언니 일벌들의 지극정성 끝에 꿀벌 왕국에 합류하게 된 것이다.

이 꼬마 일벌의 일생을 추적하면서 꿀벌들이 어떻게 일하는지 알아보자.

어우, 귀여워.

태어난 지 얼마 되지 않은 꿀벌들은 벌집 안에서만 활동한다.

언니가 춤춰줄게.

덩실 덩실

언니, 아이돌 같아!

아직 덜 자란 동생 애벌레들을 돌보면서 지낸다.

애벌레를 키우기 위해 하루에 1300번 이상 애벌레 방을 방문한다.

오늘만 해도 출근카드 1280번째 찍네.

카드가 다 닳겠어.

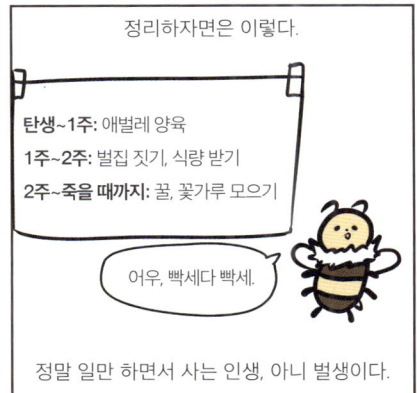

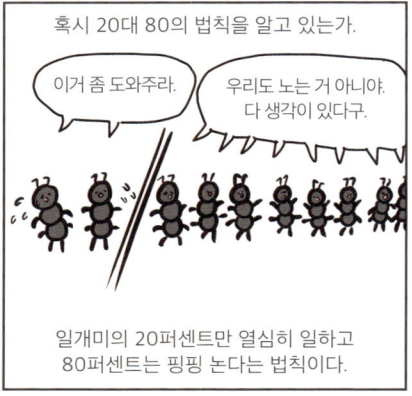

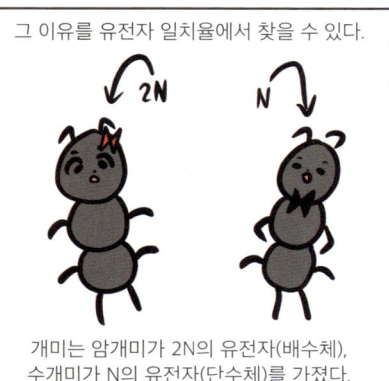

AB 유전자를 가진 여왕개미가 C 유전자를 가진 수개미와 결혼해서 AC, BC 유전자를 가진 일개미들을 낳았다고 생각해보자.	근데 AC 유전자를 가진 일개미 로라는 뭔가 불만이 있는 낌새다. 
기어이 왕국을 떠나 다른 수개미를 잡아채서 번식하는 로라…. D 유전자를 가진 수개미와 로라 사이에서 태어난 개미의 유전자는 AD, CD일 것이다.	로라의 이러한 행동이 과연 자신의 유전자를 후세에 물려주는 합리적인 선택일까?  한번 계산해보자.
로라는 AC 유전자를, 로라의 자매들은 AC, BC 유전자를 가졌다. 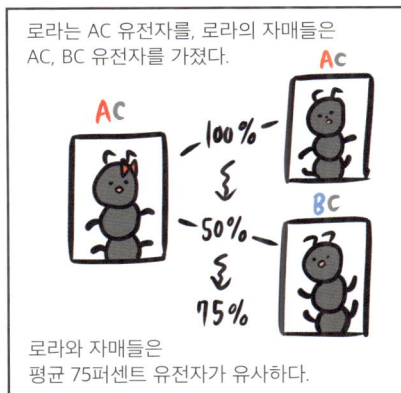 로라와 자매들은 평균 75퍼센트 유전자가 유사하다.	한편 로라는 AC, 로라가 낳은 자식들은 AD, CD 유전자를 지녔으므로. 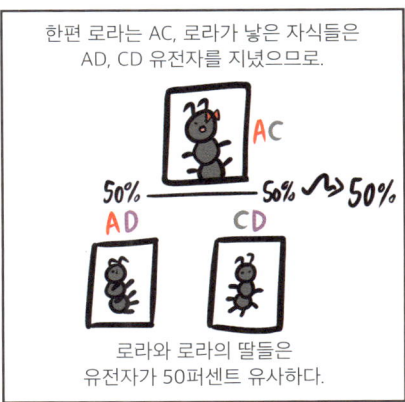 로라와 로라의 딸들은 유전자가 50퍼센트 유사하다.

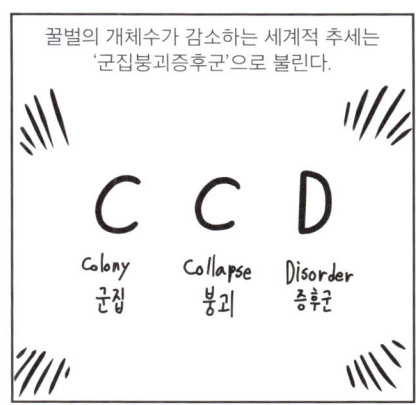

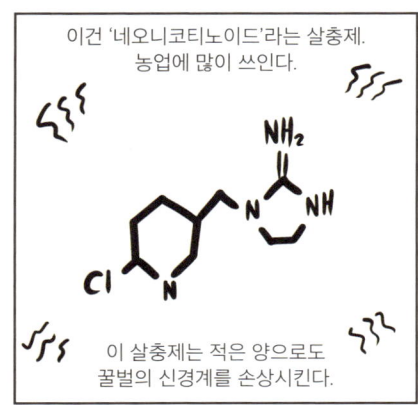

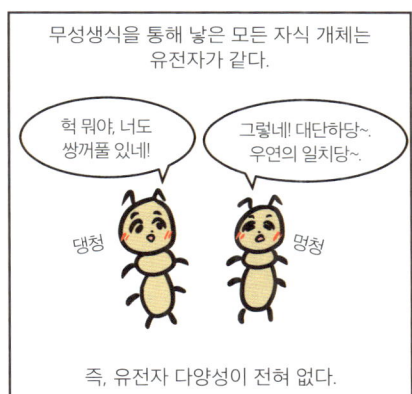

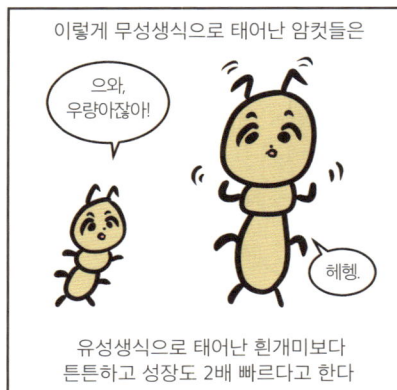

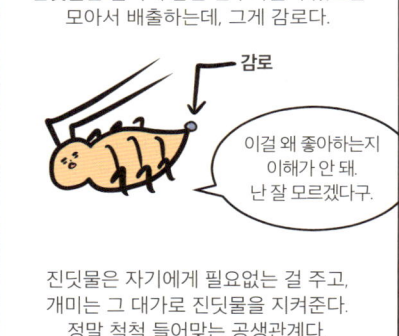

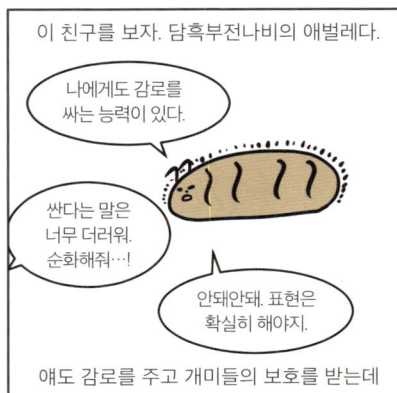

과학의 악마 삼 형제

과학 연구는 항상 정밀한 실험과 탐구로 이루어질 것 같지만,

개미가 어떻게 말을 하는 거지?

그보다 왜 나는 두 발로 걸어다니지?

때로는 터무니없는 생각으로 학문이 발전하기도 한다.

예를 들어, 우주에 별이 가득 차 있는데 왜 하늘은 밝지 않은가?

어두워서 별 보기가 힘들잖아!! 밝아지란 말야!

분노!

'올베르스의 역설.' 한 번쯤 생각해봄 직한데 의외로 논파하기까지 시간이 꽤 걸렸다.

이번에 소개할 '악마'들도 이런 사고실험이다.

개순이가 내 고백을 거절할까? 그건 정말 말도 안 돼! 그래두….

말도 안 되는 가정을 하고 '그것이 왜 안 되는가? 혹은 되는가?'를 머릿속으로 따지는 것이다.

우선 '라플라스의 악마'라는 사고실험. 수학자 라플라스가 제안했다.

최소 배우신 분.

맞아마저.

이 친구는 정말정말 똑똑하다. 악마 가족 안에서 유일하게 머리를 쓰는 두뇌파다.

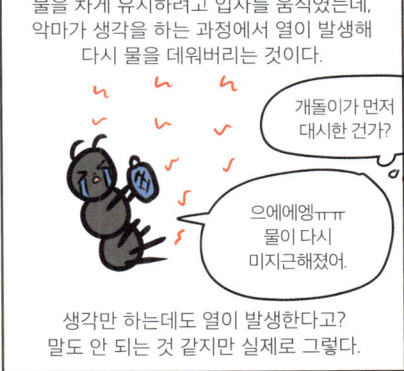

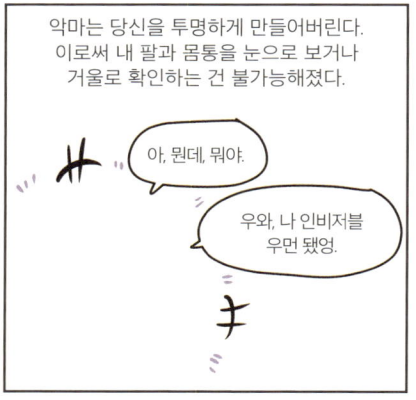

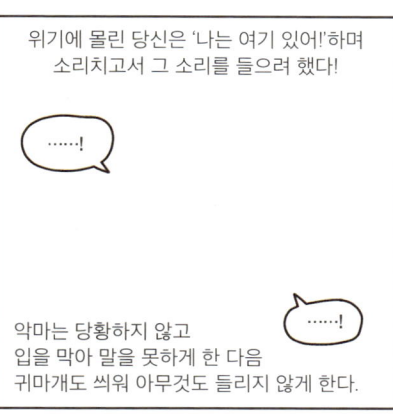

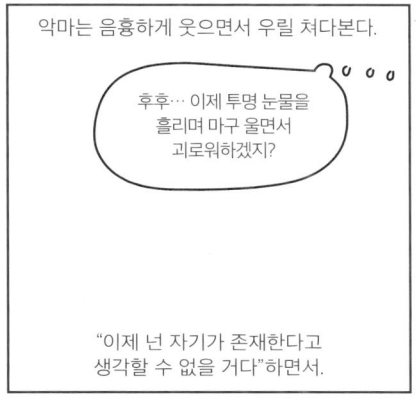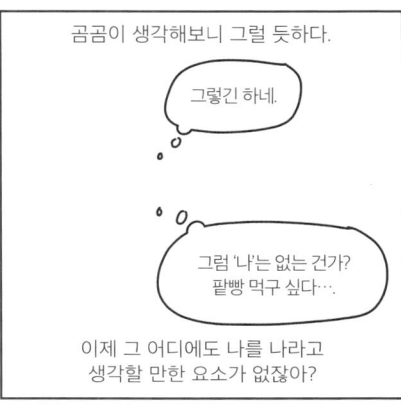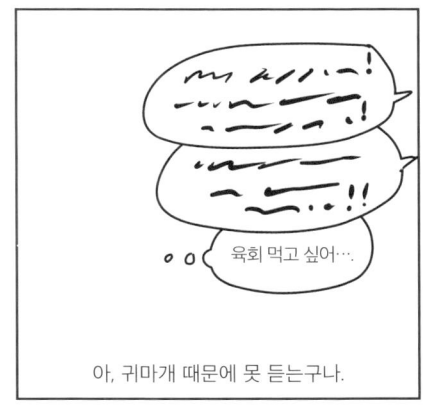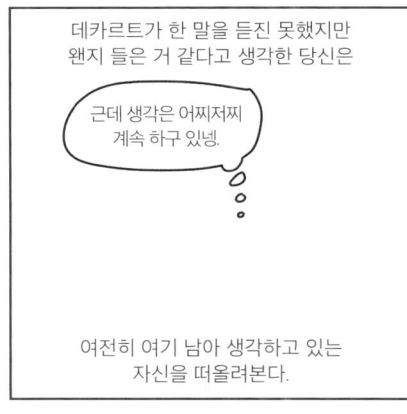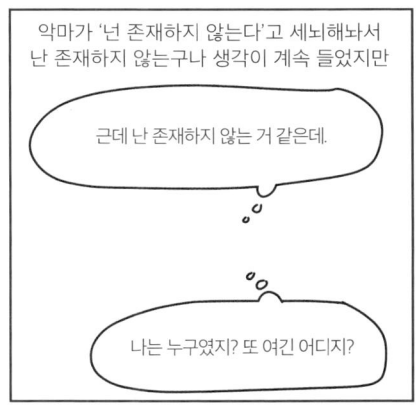

개미계의 악몽 개미핥기

세상엔 이상한 생물들이 많지만 개인적으로 꼽는 가장 기괴한 동물은 개미핥기다.

진짜 심한 말을 아무렇지 않게 하네.

많고 많은 생물 중에 개미만 골라 먹는 괴상하기 짝이 없는 취향하며…

개미를 먹는 데에 최적화된 신체.

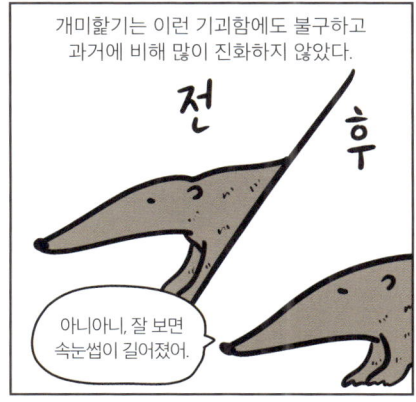

개미핥기는 이런 기괴함에도 불구하고 과거에 비해 많이 진화하지 않았다.

전 / 후

아니아니, 잘 보면 속눈썹이 길어졌어.

이유는 개미핥기의 먹이인 개미 또한 크게 달라지지 않았기 때문이다.

Before / After

훨씬 더 예뻐졌어!!

정말 둘 다 초심을 잘 지키는 친구들이다.

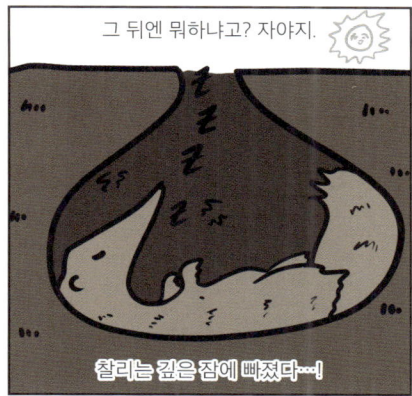

풀이 좋아 초식동물

자연에는 세 종류의 동물이 있다.

난 육식.

난 초식.

사람은 잡식이야. 근데 난 고기가 좋아.

고기만 먹는 육식동물, 풀만 먹는 초식동물, 그리고 둘 다 먹는 잡식동물이다.

오늘 얘기할 동물은 초식동물.

풀이 풀로 있네ㅋㅋㅋㅋ.

아, 이건 풀과 full의 발음이 비슷한 걸 이용한 개그로서….

풀을 질겅질겅 맛있게도 씹는 친구들이다.

초식동물들은 대부분 늘 풀을 먹고 있다.

맛있다… 근데 질겨….

얘네들은 하루종일 풀만 뜯어 먹나?

그렇다. 초식동물들은 하루 24시간의 거의 전부를 풀 뜯어 먹는 데에 쓴다.

근데 너무 질기잖아…

좀 쉬었다가 고개 숙여 풀 뜯어 먹고, 하품 한번 했다가 또 풀 뜯어 먹고.

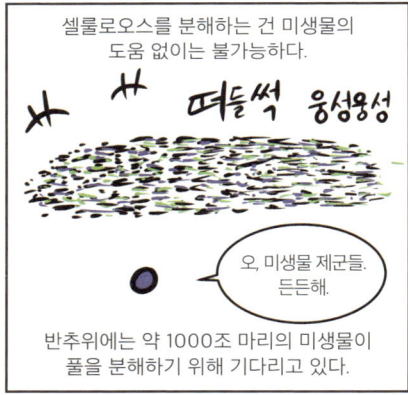
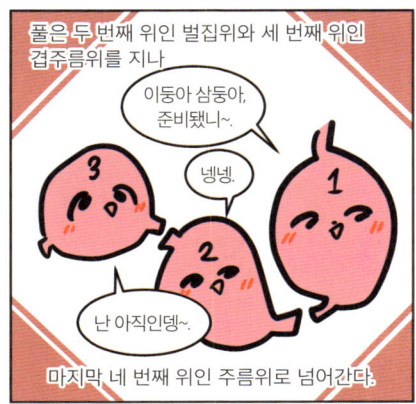
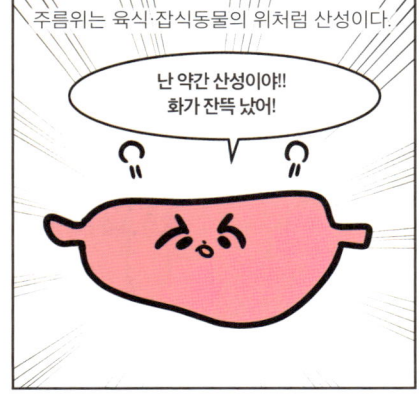

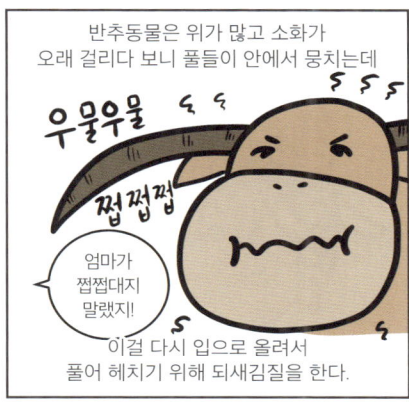

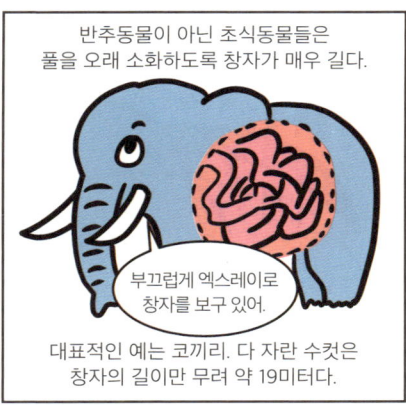

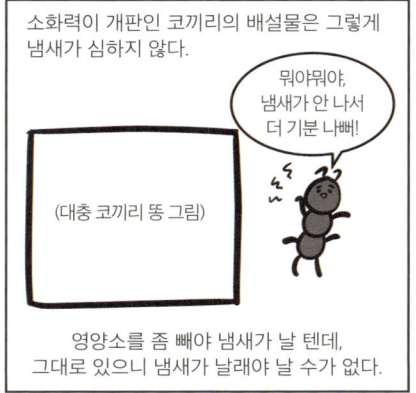

고기가 좋아 육식동물

풀만 먹는 초식동물이 있다면 고기만 먹는 육식동물도 있어야 균형이 맞는 법.

정육점도 없는데 고기를 어디서 구해?

음… 토끼 넌 몰라두 돼.

이번엔 육식동물에 대해 알아보자.

당장 육식동물이라고 하면, 사냥을 하고 생고기를 뜯어먹는 모습이 연상되지만

으엥.

꿀 전부 줄게. 제발 살려줘!

꿀은 양보할게~.

곤충도 동물이므로 곤충을 잡아먹는 사마귀나 말벌 역시 육식동물이다.

몇몇 초식동물도 가끔 작은 곤충이나 동물을 먹으니까

아니, 내가 먹은 게 아니고….

머쓱

걔들이 내 입으로 날아든 거라구.

얘네들도 크~~~게 보면 육식을 하긴 한다.

근데 그런 친구들까지 얘기하면 피곤하고 솔직히 귀찮으니깐

참고로 곤충은 차세대 먹거리로 주목받고 있다구.

난 하이에나라서 벌레보단 생고기가 좋지만.

주로 생고기를 먹는 식육목 친구들에 대해서 알아보자.

137

*조판: 爪板; nail plate; unguis

동물의 왕인지 애매한 사자

사바나하면 사자. 사자하면 사바나.

동물 중의 동물, 바로 이 몸이시다! 사자다 사자!

오늘의 주인공은 사자.

동물의 왕이라고 불리지만 기린, 코끼리, 코뿔소만 보면 도망치는 한심이다.

아니, 이건 아니지. 쟤들 이기는 동물은 손에 꼽는데….

꼽을 필요도 없지. 인간밖에 없잖아….

동물의 왕까진 아니고 고양잇과의 왕이라고 하자.

갯과 동물들이 무리를 짓는 모습은 자주 볼 수 있지만은

야, 너 내 부하잖아! 시키는 대루 해야지.

난 나보다 약한 자의 말은 듣지 않는다.

고양잇과 동물들, 특히 고양이는 무리라고 해봤자 다른 고양이와 친구처럼 지내거나 자기 주인을 엄마같이 생각하는 게 다인데

내가 화장실에서만 볼일 보랬잖아!!

싫어싫어!

하늘은 못 날지만 꿈의 날개가 있어 1

하늘은 못 날지만 꿈의 날개가 있어 2

지난 편에선 황제펭귄 얘기만 하다 끝났다.

황제니깐 당연히 많이 나와야지

이번엔 다른 펭귄들에 대해 알아보자.

70퍼센트의 펭귄이 남극대륙과 아남극권*에서 살지만

이리 더우면 에어컨 켜야 하지 않아?

잉; 너무 추워서 히터를 튼다구.

나머지 몇몇 펭귄들은 적도 근처에서 산다.

*아남극권: 남극의 북쪽, 남위 45~55도

우리가 아는 펭귄 지식은 대부분 황제펭귄에 관한 것이다.

날 죽이지 못하는 고통은

나를 더욱 강하게 만들어준다구.

얘는 펭귄 중에서도 유독 튀는 종류다.

암컷과 수컷이 번갈아가며 알을 품고 먹이를 구한다는 점은 비슷하지만

사탕 키스보단 물고기 키스지.

꺅!

다른 펭귄들은 황제만큼 고생하지 않는다.

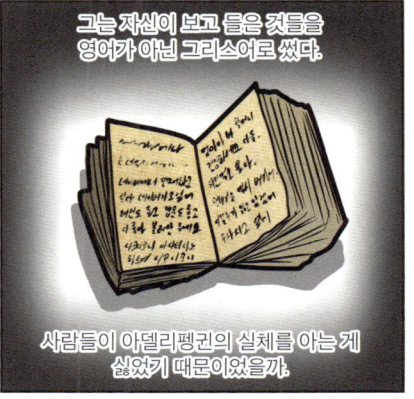

훨훨 날아라 철새들아~

의견을 자주 바꾸는 사람을 '철새'라고 한다.

나만 해도 학생 때 꿈이 50번은 바뀌었다.

그치만 나같은 사람을 그렇게 부르는 건 철새에게 실례다.

난 누구처럼 50군데나 다니지 않아.

철새는 월동지와 번식지만 왔다갔다할 뿐 그 누구보다 뚝심 있게 살아간다.

철새는 크게 여름철새, 겨울철새로 나뉘는데

어? 내 부러진 다리에 두 남자가 울고 웃었어!

흥부와 놀부 이야기에도 출연한 인기스타 제비가 대표적인 여름철새다.

여름철새는 4월 무렵에 한국에 상륙하고 9월까지 지내다가

추운 건 질색이야.

놀부같이 못된 놈이랑 추위가 제일 싫어!

겨울이 오기 전 남쪽으로 이동한다.

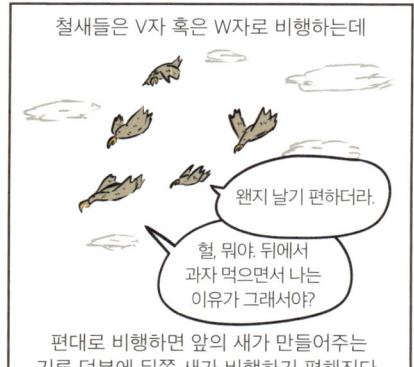

*이르쿠츠카야와 한국 사이의 거리는 2680킬로미터 정도다.

*고마워!

교란하지마! 생태계 교란종

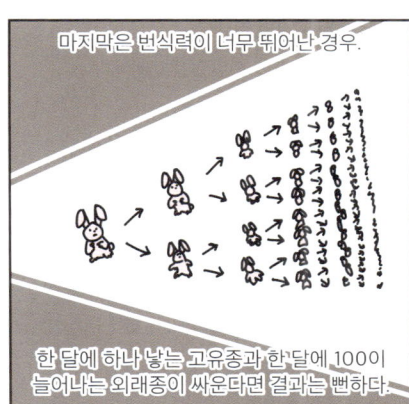

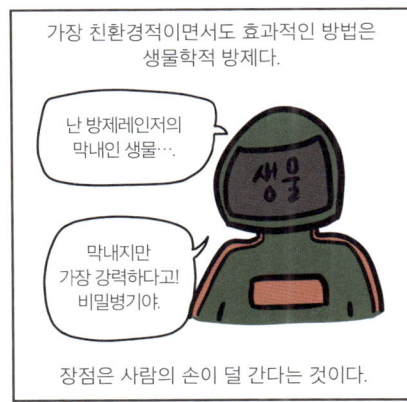

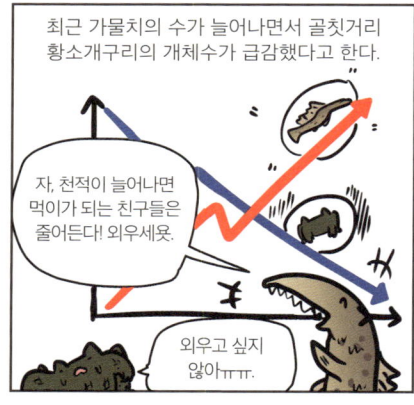

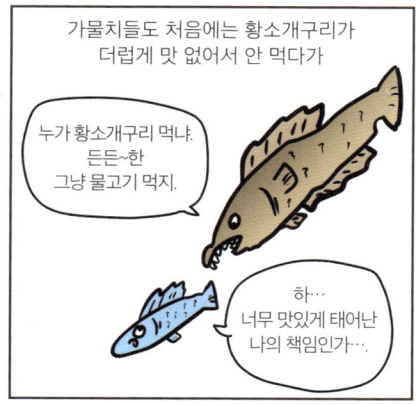

등껍질이 딴딴한 거북이

세계 최초로 움직이는 집을 가진 이가 있다.

뭐? 진짜?

그건 바로 거북이.

거북이는 단단한 껍데기 안에 쏙 들어간 것처럼 보인다.

드레스코드가 안 맞으십니다.

껍질을 벗어주십시오.

끔찍한 소리를 하는구나.

사실 껍질도 몸의 일부다.
늑골과 흉골이 진화하여 이루어졌다.

거북이의 먼~~~ 조상의 화석을 보면 놀랍게도 등껍질이 없다.

헉, 고조할아버지의 고조할아버지의 고조할아버지는 등껍질이 없으시네?

나 때는 그저 등이 딴딴했을 뿐이란다.

든든한 등껍질이 진화의 산물임을 보여준다.

등껍질은 거북이의 좋은 피난처다.

쏙!

위험한 맹수를 만났을 때 이렇게 숨어버리면

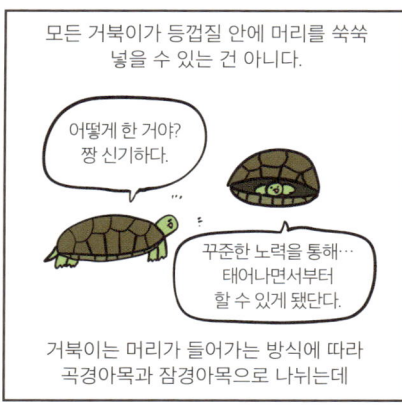

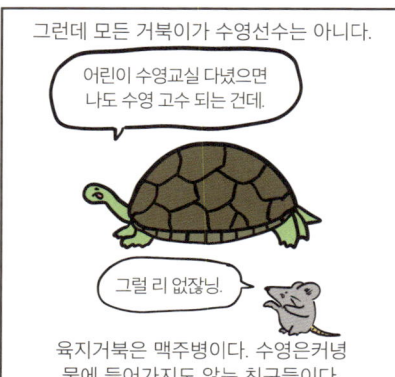

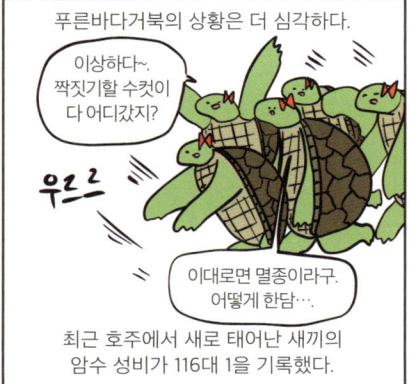

물속의 낚시꾼 수달

*능창(能昌): 후삼국시대 해상세력의 수장. 별명이 수달이다.

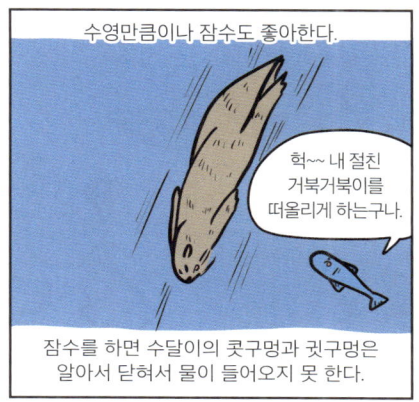

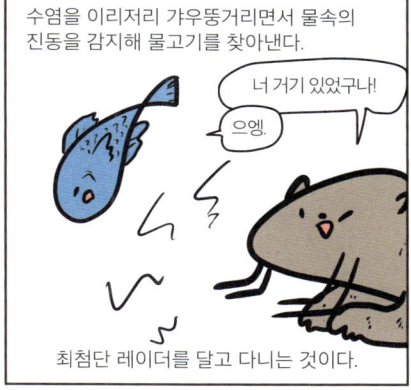

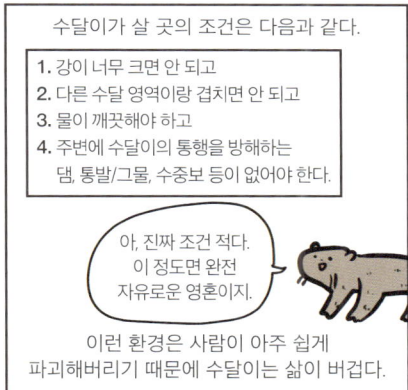

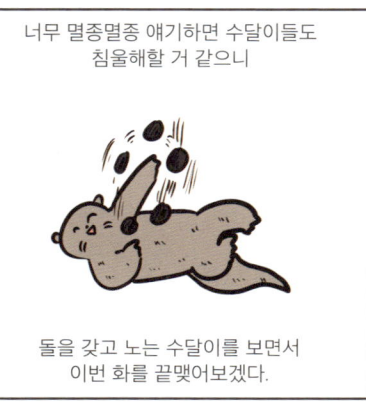

돌고래는 드넓은 바다가 필요해

사람만큼 똑똑한 동물을 꼽을 때에 늘 나오는 친구들이 있다.

코끼리
멍뭉이
멍키

그중 고래와 돌고래는 물속에 산다는 점에서 신기하고 특별한 친구다.

고래까지 다루긴… 그냥 싫으니 돌고래에 대해서 알아보자.

힝, 나도 다뤄줘잉~

돌고래만 편애하구 말야.

고래까지 그리면 힘들어.

물속에서 사는 포유류인 돌고래.

엉, 너도 어쩌다 보니 물속으로 왔나 보구나.

누가 선배인지 겨뤄봅시다.

물속에서 사는 파충류인 거북이와 비슷하면서도 다르다.

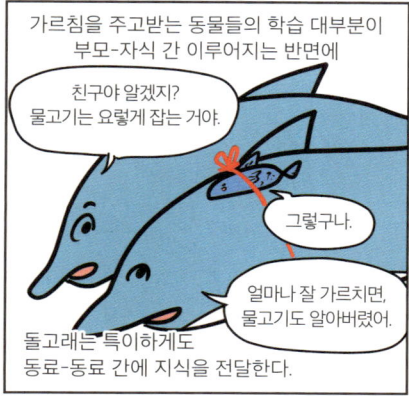

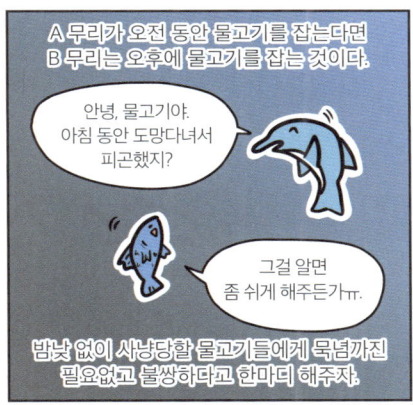

무선헤드셋 정보툰 1
-끝-

읽어주셔서
감사합니다!

쓸데없이 유익한 꿀잼 꿀벌과 개미개미 이야기

2020년 11월 13일 초판 1쇄 찍음
2020년 11월 24일 초판 1쇄 펴냄

지은이 무선헤드셋
감수   황보연

펴낸이 정종주
편집주간 박윤선
편집   강민우 김재영
마케팅 김창덕

펴낸곳 도서출판 뿌리와이파리
등록번호 제10-2201호(2001년 8월 21일)
주소   서울시 마포구 월드컵로 128-4 2층
전화   02)324-2142~3
전송   02)324-2150
전자우편 puripari@hanmail.net

디자인 공중정원
종이   화인페이퍼
인쇄 및 제본 영신사
라미네이팅 금성산업

ⓒ 무선헤드셋, 2020

값 15,000원
ISBN 978-89-6462-150-9 (07490)

이 도서의 국립중앙도서관 출판예정도서목록(CIP)은 서지정보유통지원시스템 홈페이지(http://seoji.nl.go.kr)와 국가자료공동목록시스템(http://www.nl.go.kr/kolisnet)에서 이용하실 수 있습니다.(CIP 제어번호: CIP2020047902)